[M]OYEN PRATIQUE

De Détruire Sûrement

LE PHYLLOXÉRA

Par le Sulfure de Carbone

Méthode Suivie par M. ATRY

Propriétaire à Champigny-en-Beauce

Et Expliquée par E. PÉTRÉ

Fabricant de Pompes et d'Instruments Agricoles, à Blois

AOUT 1894

PRIX : 30 CENTIMES

BLOIS
TYP. ET LITH. C. MIGAULT ET Cie, RUE PIERRE-DE-BLOIS, 14
1894

MOYEN PRATIQUE

De Détruire Sûrement

LE PHYLLOXÉRA

Par le Sulfure de Carbone

Méthode Suivie par M. ATRY

Propriétaire à Champigny-en-Beauce

Et Expliquée par E. PÉTRÉ

Fabricant de Pompes et d'Instruments Agricoles, à Blois

AOUT 1894

PRIX : 30 CENTIMES

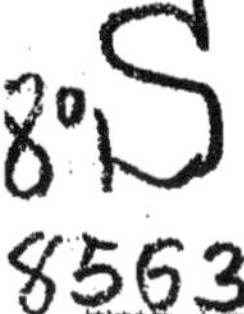

BLOIS

TYP. ET LITH. C. MIGAULT ET Ce, RUE PIERRE-DE-BLOIS, 14

1894

AVANT-PROPOS

En lisant ce titre pompeux : *Moyen de détruire sûrement le Phylloxéra,* je vois d'ici surgir les haussements d'épaules, accompagnés de cette réflexion :

Encore un Utopiste, ou un Charlatan qui cherche à écouler quelques drogues et extirper nos gros sous !

J'avoue que la réflexion et les haussements d'épaules n'auront rien d'étonnant ni même de blessant pour l'auteur ; ils seront même bien naturels quand on réfléchira à tous les essais infructueux qui ont été tentés jusqu'ici par bien des gens qui ont renoncé au traitement ; ils seront bien naturels, quand on pensera que le gouvernement a offert des primes énormes à qui trouverait le moyen de nous débarrasser de ce terrible fléau, et que ces primes n'ont jamais été décernées parce que jusqu'ici les moyens employés n'avaient pas donné des résultats assez satisfaisants.

Il y a quelques semaines je comptais moi-même au nombre des incrédules, et, lorsqu'on me demandait mon avis, je répondais, comme le plus grand nombre, que je ne croyais pas prudent de tenter des essais qui jusqu'ici ne nous avaient guère donné que des déceptions !

Tenter prudemment la reconstitution du vignoble par les plants américains me paraissait la meilleure voie et la plus sûre, puisqu'on a maintenant des exemples de réussite, et que, par les cours de greffage, ce moyen est entré dans l'esprit des jeunes gens. (C'était mon opinion).

Oui, me répondait-on, il y a espoir de reconstitution, mais en attendant que cette reconstitution donne des résultats, que de frais à supporter ! Si, continuait-on, nous avions commencé il y a 10 ans, les vieilles vignes auraient aidé à élever les jeunes ; mais aujourd'hui, nous sommes envahis et si on n'y met promptement ordre, dans deux ans nous n'aurons plus de vignes du tout.

Tel est, en général, le raisonnement tenu par les vignerons, et un trop grand nombre d'entre eux attend, l'arme au pied, la ruine complète du vignoble, et par conséquent sa propre ruine, avant d'essayer quoi que ce soit.

C'est là une apathie bien coupable.

Eh bien, Messieurs les apathiques, les hésitants, une planche de salut vient de surgir à l'horizon, pour traverser plus facilement le moment critique de transition entre les vieilles vignes et la reconstitution en plants américains :

Depuis quelque temps déjà, on parlait d'un Propriétaire de Champigny-en-Beauce, qui paraissait avoir réussi parfaitement à retirer les griffes du Phylloxéra de belles jeunes vignes, qu'il avait élevées à grand frais, et que ce malencontreux insecte avait eu l'audace d'envahir et de commencer à dévorer à belles dents, avant qu'elles eussent donné la moindre récolte à leur propriétaire qui les avait élevées si chèrement.

Je pris le parti d'aller voir moi-même ce Propriétaire, pour l'interroger et contrôler *de visu* les résultats obtenus, et en même temps me renseigner sur la méthode qu'il avait suivie pour se débarrasser aussi habilement de ce redoutable ennemi.

Je viens donc simplement vous rendre compte de ce que j'ai vu et des renseignements qui m'ont été fournis par M. Atry, l'heureux vainqueur du Phylloxéra.

D'ABORD UN MOT SUR M. ATRY

M. Atry est un homme d'environ 50 ans, qui avait à Champigny, son pays, un chantier d'entrepreneur de maçonnerie qu'il a abandonné pour se consacrer entièrement à la culture de la vigne, avec l'aide de ses enfants. C'est un travailleur, il a de l'ordre, de la patience, de la persévérance et de l'intelligence. C'est en outre un esprit observateur qui tient à se rendre compte par lui-même du pourquoi de chaque chose, et cette faculté l'a tiré souvent d'embarras et l'a empêché de se décourager.

Par surcroît de qualité, il se fait un véritable plaisir de renseigner ceux qui s'adressent à lui, et, loin d'être jaloux qu'on l'imite, il est heureux d'aider à suivre ses traces en faisant profiter gratuitement autrui de l'expérience qu'il a acquise.

Avant de se faire Vigneron

En prévision de se faire vigneron, M. Atry fit l'acquisition de terrains argileux mêlés de silex d'un prix minime, mais placés sur un plateau élevé et dans une situation excellente pour préserver les vignes contre les gelées de printemps; avantages très sérieux, soit dit en passant.

A l'Œuvre

Après avoir étudié les meilleurs modes de plantation pour l'espace à laisser entre les rangs et entre les ceps, et arrêté le choix des cépages, il se mit résolument à l'œuvre, et ne tarda pas à avoir des vignes magnifiques, donnant pour l'avenir les plus belles espérances ; aussi la joie battait son plein dans la maison.

Panique

A peine ses vignes étaient-elles rendues à point pour commencer à le payer de ses soins, que le Phylloxéra fit sa soudaine apparition : en deux années, le voilà entièrement envahi et sa vigne menacée d'une ruine complète.

La Lutte

Que fit notre homme ?

Ici je lui cède la parole :

« Je courus, me dit-il, trouver M. Trouard-Riolle, notre « aimable et complaisant professeur d'agriculture, je lui « racontai ma situation et le priai de me donner le moyen de « lutter contre mon envahisseur et m'en débarrasser...

« Il me donna tous les renseignents sur les moyens employés « et qui paraissaient avoir donné les meilleurs résultats (ceci « se passait en 1889).

« Je revins chez moi bien décidé à suivre ses instructions de « point en point.

« Je me munis *d'un Pal, de sulfure de carbone*, et je com- « mençai le traitement, en me conformant aux instructions « reçues du professeur : (4 piqures de 5 grammes chacune au « mètre carré le même jour, et ne le faire ni par les grands « froids ni pendant la végétation).

« J'avais encore quelques parties vertes, que je me dispensai « de traiter cette première fois.

« Au printemps de 1890, je m'aperçus avec joie que ma vigne « reprenait vigueur ; les parties qui avaïent été bien malades « me paraissaient avoir recouvré la santé.

« Je me mis alors à espérer et me promis bien de faire cette « année-là un traitement général sur toutes les parties.

Une Déception et un Embarras

« Par une circonstance tout à fait indépendante de ma volonté, « je ne fus prêt à faire mon traitement en 1890, que vers la fin « d'octobre, et ne pus le terminer que le 30 de ce mois.

« Par une coïncidence malheureuse, des gelées rigoureuses « vinrent sévir cette année-là dès le 1er novembre, et durèrent « assez longtemps sans discontinuer.

« Au mois d'avril suivant, je m'aperçus avec effroi que ma « vigne ne poussait plus ou presque plus.

« Les parties que j'avais négligé de traiter en 1889, parce « qu'elles ne me paraissaient pas atteintes, semblaient être en

« ce moment les plus compromises; du reste, je les croyais absolument mortes..... Je me rappelai alors la recommandation du professeur d'agriculture, de ne pas traiter en hiver, ni en pleine végétation; et j'attribuai la détresse de mes pauvres vignes à la coïncidence malheureuse de la venue prématurée des grands froids, en même temps que je terminais mon traitement. *Ce qui avait rendu ce traitement plus mauvais que le Phylloxéra lui-même.*

« J'eus là, je vous l'avoue, un véritable moment de tristesse et presque de découragement, mais surtout un moment d'angoisse.

« Lorsque l'hiver est un peu humide, il est presque impossible de pénétrer dans mes vignes avant la fin de mars et quelquefois les premiers jours d'avril.

« A cette époque il faut se hâter de tailler, débarrasser les sarments, labourer, et on a à peine terminé ces façons, que la végétation est déjà en pleine activité. Or, j'étais prévenu que faire le traitement à ce moment, c'est-à-dire pendant la végétation, c'était risquer de tuer ma vigne; je ne pouvais donc le faire au printemps.

« Lorsque la vendange se fait tard, on arrive si près des froids, que le traitement d'automne risquait également d'aider le Phylloxéra dans son œuvre de destruction comme cela m'était arrivé.

« J'étais donc bien embarrassé, et je me demandais avec anxiété : Que faire ? mon Dieu, que faire ?..... Abandonner la partie, c'était la ruine de mon entreprise !

« En commençant le traitement, j'avais juré une haine implacable au Phylloxéra et je ne voulais pas abandonner la lutte sans avoir brûlé ma dernière cartouche.

Réflexions et Tâtonnements

« Je me suis dit : on m'a recommandé d'employer *200 grammes* de sulfure de carbone, par mètre carré, *le même jour, en 4 piqûres de chacune 5 grammes*, mais de ne le faire ni pendant la végétation, ni pendant les froids.

« Au printemps je ne puis le faire avant la végétation, à cause de l'humidité de mon sol.

« Si quelque chose me retarde après les vendanges je risque « de le *faire trop tard* à l'automne, car j'ai bien aujourd'hui la « conviction d'avoir failli tuer ma vigne par un traitement « complet à la veille du froid. Ce qui me confirme dans cette « opinion, c'est que, les rangs que j'avais traités les premiers « vers le 20 octobre 1890, n'ont presque pas soufferts, tandis que « ceux traités les derniers, tout à fait à la veille du froid (fin « octobre) sont restés pour ainsi dire paralysés pendant long- « temps ; quelques ceps même, quoique vigoureux aujourd'hui, « ne sont cependant pas encore rendus à la hauteur des autres, « tant ils ont eu à souffrir *de ce traitement tardif.*

Il faut prendre un parti

« Je résolus d'essayer du traitement d'été, parce que à cette « époque je pouvais le faire à mon aise entre deux façons de « terre.

Soyons prudent

« Ayant failli tuer ma vigne par un traitement tardif et com- « plet, je pris le parti d'opérer par tâtonnement ; pour cela je « choisis quelques rangs autour de la cabane qui me sert d'abri « et de refuge, et sur une longueur de quelques mètres seule- « ment, je fis l'opération ; mais, au lieu de *répandre 20 grammes « de sulfure de carbone au mètre carré le même jour,* je n'en « répandis que 10 grammes seulement, en deux piqûres, et en « n'opérant que d'un seul côté des ceps.

« Quinze jours plus tard, je répandis de nouveau 10 grammes « du même ingrédient, en deux nouvelles piqûres, pratiquées « sur l'autre côté des ceps, puis j'attendis le résultat pendant « quelques semaines.

Nouvelle Joie

« Un mois après avoir fait le traitement, comme je viens de « l'expliquer, je constatai avec un bonheur que je ne saurais « vous exprimer, que non-seulement les ceps traités de cette « façon n'avaient pas eu à souffrir, mais qu'au contraire ils « avaient acquis sur leurs voisins une supériorité de végétation « très sensible, et visible pour les gens les moins prévenus.

« Cette expérience me prouva que le traitement, fait ainsi en « deux fois, avait le même pouvoir de destruction sur mon « ennemi, que je tenais maintenant à ma merci, puisque je « pouvais lui faire désormais, à mon temps et à mon aise, une « guerre acharnée sans craindre de compromettre ma vigne.

Méthode Arrêtée

« Je pris immédiatement le parti de faire, sans désemparer, « ma première moitié de traitement, c'est-à-dire enfouir à « l'aide du Pal, au premier passage, *10 grammes de sulfure de « carbone au mètre carré en deux piqûres pratiquées sur un « seul côté des rangs.*

« Quinze jours après, faire la même opération en prenant « l'autre côté des rangs.

« J'ai commencé à procéder ainsi dans l'été 1891 et j'ai « continué depuis à opérer de la même façon, excepté en 1892. « Cette année-là, ma vigne était si vigoureuse, que j'ai voulu « voir si la suspension du traitement pendant une année pou- « vait la faire fléchir d'une façon sensible. Je n'ai pas remarqué « le moindre signe de fatigue ni de dépérissement ; mais, « environné de vignes contaminées de Phylloxéra, puisqu'elles « ne donnent plus de récoltes aujourd'hui, et aussi à cause de la « sécheresse de 93, je n'ai pas voulu commettre l'imprudence « de suspendre encore le traitement en 1893. Je l'ai fait d'une « façon générale comme en 1891. Je l'ai fait encore cette année « et vous allez pouvoir juger vous-même de ma réussite par « l'état de mes vignes..... » Sur ce

Promenade à travers les Vignes

Je fus d'autant plus émerveillé de la vigueur et de la belle tenue des vignes de M. Atry que, de tous les côtés de sa propriété, les vignes sont abandonnées par leurs propriétaires à la dent cruelle du Phylloxéra ; aussi, ce dernier y a exercé ses ravages si à l'aise que, de ces vignes jeunes encore et pleines de vigueur il y a 4 ans, il ne reste plus qu'un aspect navrant. Ce contraste avec les vignes de M. Atry, si vigoureuses et si chargées de fruits superbes, rend l'aspect du tableau encore plus désolant.

« Eh bien, qu'en dites-vous, me dit mon complaisant « cicérone ? »

Je dis, M. Atry, que je suis à la fois émerveillé et désolé : Emerveillé de voir vos vignes, enchanté de vous voir si bien récompensé de vos peines physiques et morales, récompensé de votre patience, de votre persévérance et de l'intelligence que vous avez déployée pour mener à bien votre œuvre et d'avoir si habilement disputé la proie à votre terrible ennemi.

Je suis désolé de voir à côté de votre propriété des vignes abandonnées par leurs propriétaires. Car ces vignes rendent en ce moment les derniers soupirs.

« Oui, c'est vrai, me dit M. Atry, ces vignes sont réellement « bien malades, mais elles ne sont pas sans espoir :

« Elles ont été plantées quelques années avant les miennes. « Lorsque nous nous sommes aperçus que le Phylloxéra était « l'hôte de la contrée, c'est sur mes toutes jeunes vignes qu'il « est venu s'attabler de préférence ; il n'a pas tardé à leur faire « courber la tête et, en fort peu de temps, les a réduites à peu « près à l'état lamentable où vous voyez celles de mes voisins « qui vous font tant de peines à contempler. Ces dernières, au « contraire, à ce moment, ne paraissaient pas souffrir du tout, « soit qu'elles avaient mieux la force de supporter les pre- « mières attaques, ou que l'ennemi se soit concentré sur mon « terrain, y trouvant la pâture plus tendre, toujours est-il que « mes vignes étaient déjà presque mortes que celles de mes « voisins étaient encore sans souffrances apparentes.

Gardons-nous bien de nous moquer d'autrui

« Mes voisins, me voyant commencer le traitement, riaient « sous cape et quelquefois bien ouvertement de me voir prendre « tant de peines *(inutiles, selon eux)*, car, disaient-ils, *on ne « saurait ressusciter les morts*. Moi, au contraire, j'avais la « foi, et, en outre, mon devoir et mes intérêts me comman- « daient impérieusement de me défendre avec la dernière « énergie, et je le faisais sans m'occuper des quolibets, plus ou « moins spirituels, qu'on débitait sur mon compte.

« En agissant ainsi, j'ai, comme vous le voyez, sauvé ma « propriété d'un désastre certain, et mes voisins, malgré leurs « plaisanteries et la vigueur de leurs vignes à ce moment,

« n'ont point empêché l'ennemi de les attaquer et de les détruire « (si on n'y porte pas remède au plus vite).

Un Défi

« Je viens de vous dire que les plaisanteries de mes voisins « n'avaient pas empêché la destruction de leurs vignes ; en « disant destruction, j'ai dépassé ma pensée pour ce qui con- « cerne les vignes, en si piteux état cependant, que nous voyons « sous nos yeux. Car, malgré l'état avancé de la maladie, si « elles m'appartenaient, je réponds sur ma tête que je les ramé- « nerais promptement à la vie, et, pour vous en convaincre, je « vais vous conduire plus bas dans une pièce séparée où j'avais « une vigne dans un état plus malheureux encore que ne sont « celles-ci, et vous verrez ce que j'ai fait. »

Visite à la Pièce en question

Sur une pièce donnant au nord, M. Atry me montre une jeune et vigoureuse plantation de vigne française, encadrée de haies vives encore basses.

A droite, hors la haie, il me fait remarquer un terrain fraîchement labouré : « Là, me dit-il, existait une superbe jeune « vigne, anéantie en trois ans sous la morsure impitoyable du « Phylloxéra. »

A gauche également, hors la haie, j'aperçois une vigne, jeune encore, qui avait dû être fort belle et très productive, mais arrivée à cette heure dans un état complet de décrépitude, avec des sarments ressemblant à de maigres brins de fils, et supportant mal quelques malheureuses petites feuilles d'un jaune safran, et présentant tous les symptômes de l'agonie tirant à sa fin.

Atry se tournant alors vers moi et me désignant à nouveau, du doigt, sa jeune plantation, semblait me dire : « Eh bien, qu'en dites-vous ? »

Je ne vous cacherai pas ma surprise, lui dis-je, de voir une nouvelle plantation se porter aussi vigoureusement dans un terrain infesté de Phylloxéra. Mais, lui dis-je, pourquoi, par ci, par là, ces gros ceps que je remarque, par leur élévation au-dessus des autres, et qui sont déjà chargés de fruits ; ces ceps ne doivent pas être de récente plantation ?

On fait ressusciter les Morts

« Je vous attendais là, me dit Atry, pour vous prouver qu'on « peut, par le traitement, ramener à la santé une vigne qu'on « dirait morte, et que je ne m'avançais que preuves en mains « en vous disant que je répondais sur ma tête de ramener à la « vie, si elles m'appartenaient, les vignes de mes voisins, que « vous avez vues là-haut en si piteux état.

Explications nécessaires

« Là où vous voyez cette jeune plantation de vigne française, « j'avais, moi aussi, comme mes voisins de chaque côté, une « vigne jeune et vigoureuse, pleine d'avenir (sans le Phyl- « loxéra). Au moment où je traitais mes vignes de la grande « pièce où nous avons commencé notre visite, j'ai voulu traiter « celle qui se trouvait ici ; mais il faut vous dire que ce terrain, « par des années de sécheresse, comme 1892 et 1893, devient « dur comme du roc, et qu'il est impossible d'y faire pénétrer le « Pal injecteur. J'ai voulu, *pour la sauver à tout prix, avoir « recours à l'Avant-Pal* (sorte de broche d'acier) qu'on enfonce « à grands coups de marteau) ; *mais j'ai dû y renoncer, tant « l'opération était laborieuse*, et à mon grand regret, je dus « l'abandonner à l'ennemi, qui s'en vautra à discrétion et la fit « enfin mourir, *du moins, je la croyais bien morte, et si bien « morte, que l'hiver 1892-1893, je me mis à l'arracher, afin de « préparer la terre pour en mettre immédiatement une nou- « velle.*

« En faisant mon opération d'arrachage, je m'aperçus que « *quelques ceps n'étaient pas complètement morts ;* alors, à titre « d'essai, j'en laissai, par ci par là, quelques-uns (qui sont ceux » que vous remarquez par leur force et leurs fruits). Après « avoir mis ma terre en état, je traitai ces souches *quasi- « mortes*, comme j'avais traité mes autres vignes ; j'ai traité « aussi ma nouvelle plantation, et vous voyez ce que le tout est « devenu : les prétendus *morts sont drus et vigoureux, chargés*

« *de fruits déjà* et me promettent *une belle vendange pour l'ave-*
« *nir.*

« Quant à la jeune plantation elle-même, vous voyez sa vi-
« gueur ; j'espère bien qu'elle rougirait de voir ces vieux ceps
« (qu'on aurait cru morts) la dépasser bien longtemps, et qu'elle
« va faire des efforts pour les égaler en force et en rendement
« dès 1895 ou 1896 au plus tard. »

Donc, dis-je à M. Atry, vous considérez que, pour la vigne, comme pour les gens, *tant qu'il y a de la vie, il y a de l'espoir ?*

« Pour la vigne surtout, me répondit-il, et vous en avez là la
« *preuve certaine et concluante.* »

Conclusion

Comme vous le voyez, M. Atry n'est ni un original ni un empirique prétentieux.

Lorsqu'il prit le parti de traiter contre le Phylloxéra, il alla trouver le professeur d'agriculture et eut recours à ses conseils qu'il comptait bien suivre à la lettre ; s'il a dérogé aux instructions reçues, c'est que, en raison de l'humidité de son terrain il lui était impossible de faire le traitement avant la végétation, et, en remettant l'opération après les vendanges, le moindre incident pouvait l'obliger à ne la commencer qu'à la veille des froids, et risquer par ce fait, *de rendre le remède pire que le mal*, comme cela lui était arrivé en 1890.

Placé entre ces deux alternatives qu'on lui disait également dangereuses : *Traitement pendant la végétation ou traitement trop près des froids*, il essaya par un tâtonnement prudent, du traitement pendant la végétation, en divisant la dose de sulfure de carbone en deux parties, comme je l'ai dit, et ces deux parties enfouies à 15 jours d'intervalle l'une de l'autre.

Ce moyen (1) lui a parfaitement réussi, et nous devons nous en réjouir pour lui d'abord, et pour nous tous en général, car j'ai la conviction que Atry aura beaucoup d'imitateurs, et que la *période de gêne*, (conséquence naturelle des mauvaises récoltes) qui pèse si lourdement déjà sur les affaires, et qui ne

(1) Plus loin, il est donné des explications sur les différents avantages du traitement fait en deux fois.

pouvait que s'aggraver encore d'une manière bien plus sérieuse, par la disparition soudaine des vignes, j'espère, dis-je, que cette période si terrible qu'on redoutait, sera évitée, parce que, la transition entre les vieilles vignes et la reconstitution des nouvelles, pourra s'opérer sans à-coup; les expériences pourront être moins précipitées, mieux mûries, par conséquent moins décevantes et moins ruineuses.

C'est donc une atténuation considérable et bien heureuse de la crise à laquelle nous semblions ne pouvoir échapper.

Donc, courage, Messieurs les Vignerons, imitez Atry, comme lui, ayez la foi, la patience et de la persévérance, vous prolongerez l'existence de vos vignes jusqu'à leur âge normal et vous arriverez à la reconstitution du vignoble, sans passer par les souffrances que nous redoutions tous.

Complément de Renseignements

Avant de quitter M. Atry, je crus devoir user de sa complaisance pour compléter mes renseignements et me permettre de répondre aux questions qui pourraient m'être posées.

Je lui fis donc les questions suivantes :

D. — A quel degré était la maladie au moment où vous avez commencé le traitement ?

R. — Pour la plus grande partie, mes vignes étaient dans un état voisin de la mort ; du reste les gens qui les voyaient les jugeaient perdues.

D. — Employez-vous autre chose que du sulfure de carbone ?

R. — Non. Je travaille mes vignes à la charrue ; j'ai soin de les tenir propres et en bonne façon ; je les fume avec du fumier ordinaire et avec les engrais recommandés pour la vigne.

D. — Ayant opéré pour d'autres propriétaires (1), vous avez dû rencontrer des terrains de différentes compositions ?

Opérez-vous partout de la même façon ?

R. — Partout, je divise mon traitement en deux passages, quelquefois en trois, suivant la largeur entre les rangs (comme l'indique le tableau qu'on trouvera plus loin) et toujours à 15 jours d'intervalle entre chacun de ces passages.

(1) La réputation d'Atry étant déjà grande, plusieurs propriétaires l'ont chargé d'opérer dans leurs vignes, dans divers pays autour de Blois.

D. — Dans les terrains *calcaires et tout à fait perméables*, forcez-vous la dose ?

R. — Oui, jusqu'à 22 grammes au mètre carré.

Dans les terrains tout à fait compacts (argileux), je mets 20 grammes seulement, mais je multiplie les piqûres suivant la compacité du sol.

(La quantité de piqûres n'étant qu'une question de main-d'œuvre, plus on les multiplie dans ces terrains et plus on a de chances de réussir. On peut en faire de 4 à 8 au mètre carré en diminuant proportionnellement la dose par coup de Pal).

D. — A quelle profondeur faites-vous vos piqûres ?

R. — Le professeur m'a recommandé de les faire de 15 à 20 centimètres, je les ai toujours faites ainsi et je m'en trouve bien.

D. — Quels sont les cépages cultivés sur votre propriété ?

R. — Le Gros Noir, le Gamay, l'Auvernat, le Romorantin et le Gascon.

D. — Remarquez-vous que l'un de ces cépages soit plus réfractaire que l'autre au traitement ?

R. — Non. J'ai mis pourtant la même dose et je ne me suis jamais aperçu que le Phylloxéra résistait plus sur un cépage que sur l'autre. J'ai remarqué par exemple que dans les vignes non traitées, le Gros Noir et l'Auvernat résistent plus longtemps au Phylloxéra que les autres cépages que je viens de citer.

D. — A quelle époque avez-vous commencé votre traitement ?

R. — En 1889, et dès le début, je me suis aperçu d'une amélioration sensible.

En 1890, j'ai très mal réussi ; j'ai failli tuer ma vigne en traitant *à dose complète à la veille d'un froid d'une longue durée*.

En 1891, j'ai fait mon traitement suivant ma nouvelle méthode.

En 1892, je n'ai pas traité ; ma vigne étant fort belle, j'ai voulu essayer de la suspension du traitement.

En 1893 et 1894, j'ai fait mon traitement toujours de la même façon.

J'essayerai encore de la suspension de traitement ; j'espère arriver à ne le faire qu'une année sur trois, mais c'est là une question d'expérience à faire et je la ferai avec prudence.

Avantage du Traitement fait en deux fois

Opinion de M. Atry :

Il est convaincu qu'avec sa méthode d'opérer en 2 passages, on peut traiter à *n'importe quel moment* (excepté les grands froids), sans craindre de fatiguer la vigne ; il aime cependant mieux le faire en été, parce que les jours sont longs et beaux et qu'on est plus à l'aise ; mais il ne choisit pas le moment, il met à profit pour l'opération, les instants les moins pressés, entre deux façons ordinaires de la vigne, et si même, quelque chose le dérange pendant l'opération, il repère le point où il est resté et passe à autre chose, si besoin en est, pour s'y reprendre ensuite plus tard.

Cependant, il ne met jamais guère plus de 15 jours entre ses passages, c'est-à-dire entre les 2 premières piqûres et les deux autres, parce que, il se peut qu'au premier passage tous les insectes n'aient pas été asphyxiés, la diffusion des vapeurs du sulfure de carbone ayant pu ne pas les atteindre en certains endroits. Il importe donc de ne pas tarder plus de 15 jours, afin que ceux des insectes qui n'ont pas été complètement asphyxiés au premier coup, ne puissent reprendre de la force et peut-être multiplier encore.

C'est donc déjà un avantage de n'être pas obligé de faire le traitement à jour fixe et de pouvoir choisir le moment le plus commode de l'année, excepté pour le premier traitement qu'il faut faire aussitôt qu'on s'aperçoit de la présence de l'ennemi.

Un autre avantage très important, c'est de ne pas craindre autant les erreurs dans le dosage.

Dans le traitement d'un seul passage, si par mégarde ou distraction on avait le malheur de forcer la dose, on pourrait rendre le remède pire que le mal (et cela a dû arriver souvent).

Dans le traitement en deux fois, ce danger a disparu parce que si on a par distraction forcé un peu la dose, cela ne saurait avoir d'inconvénient grave, puisqu'on peut aller jusqu'à 20 grammes sans compromettre la vigne, et qu'il n'est jamais possible d'admettre une erreur qui vous fasse atteindre cette quantité *en deux piqûres*.

Le Traitement est devenu une distraction

Maintenant que Atry a vaincu les petites difficultés du début, maintenant qu'il connaît bien son instrument (le Pal) et qu'il sait le démonter, le remonter, le réparer même si besoin en était, il se fait un véritable jeu du traitement, et il redoute bien moins le Phylloxéra que le Mildiou, parce que, dit-il, le traitement contre le Phylloxéra n'a rien de comparable comme fatigue et malpropreté avec celui contre le Mildiou.

Il redoute moins le Phylloxéra que le Mildiou parce que ce dernier, si on n'a pas fait à temps le traitement, peut se développer tout d'un coup avec une intensité telle, que la récolte peut se trouver compromise, et en partie perdue, avant qu'on ait eu le temps d'y apporter un remède, qui dans ce cas, n'est plus que de la moutarde après dîner, tandis que le Phylloxéra prévient par des signes extérieurs qu'il s'est attablé sur nos vignes, et à quelques jours près, on a le temps de lui administrer un dessert qui coupe court à son œuvre de destruction avant que cette œuvre n'ait pris des proportions compromettantes.

Prix du Traitement

Pour un hectare, il faut employer : 200 kilos de sulfure de carbone, à 38 ou 40 fr .... 80 fr.

Main-d'œuvre : 12 journées à 3 fr 36

Total............. 116 fr.

D'après expérience faite, on peut déjà affirmer qu'il sera possible de suspendre le traitement une année sur trois (1), ce qui ramènerait le prix moyen à 77 fr.

Si on peut arriver à ne le faire qu'une fois en trois ans, le prix en serait ramené à 38 fr. 70.

Pour ceux qui opèrent eux-mêmes et qui dans ce cas ne comptent que leur débours d'argent, la dépense serait donc de 80 fr. à l'hectare les deux premières années.

En ne le faisant que 2 fois en 3 ans, la moyenne sera de 53 fr. à l'hectare.

(1) Après au moins deux années successives du traitement complet.

Si on arrive à ne le faire qu'une fois sur trois années, la moyenne tombera à environ 26 fr. 70.

Comme on le voit, il n'y a pas une grande dépense à faire, et on peut dire qu'il n'y a rien de difficile ni de désagréable dans le traitement qu'on peut faire au moment où on est le moins pressé.

Résumé

Si vous êtes bien décidé à vous défendre, dès que vous pressentez l'ennemi, munissez-vous d'un Pal, de sulfure de carbone et d'un pilon tasseur servant à reboucher les piqûres, et, à la première apparition, attaquez-le sans perdre une minute en vous conformant aux indications contenues dans les tableaux que vous trouverez plus loin.

Un Mot du Sulfure de Carbone

Le sulfure de carbone est un liquide transparent, et incolore, quand il est pur.

Sa densité est de 1 k. 293.

Il est donc plus lourd que l'eau dans laquelle il n'est soluble qu'à une basse température et en petite proportion.

Il entre en ébullition à 45 degrés.

A la température ordinaire il émet constamment des vapeurs produisant un froid intense.

Ces vapeurs *constituent, avec l'air, des mélanges qui détonent avec violence à l'approche d'une flamme.*

(Il importe donc de le manier avec précaution en se gardant bien de fumer la pipe ou la cigarette ou de s'en approcher avec une flamme quelconque, pendant la manipulation).

Les vapeurs dégagées ont une odeur désagréable ; elles sont *asphyxiantes* et arrêtent les fermentations.

Ce sont ces propriétés asphyxiantes qui ont amené les savants et les chercheurs à l'employer pour le traitement des vignes contre le Phylloxéra et c'est la substance qui, jusqu'ici, a donné les meilleurs résultats.

Mais, mes amis, *que de peines, que de recherches, que d'essais infructueux, que de nuits sans sommeil* pour les chercheurs avant de trouver l'instrument pratique pour répandre utilement dans le sol cet ingrédient vengeur et avant d'avoir bien pu déterminer la dose indispensable pour donner des résultats, et fixer le maximum au-delà duquel le remède devient pire que le mal !!!

Nous devons, nous, Messieurs, une grande somme de reconnaissance à ceux qui nous ont précédés dans la lutte, à M. le *baron Thénard*, qui proposa le premier l'emploi du sulfure de carbone ; à *M. Monestier*, pour la mise en pratique du traitement au sulfure de carbone et son acheminement vers son emploi rationnel.

A M. le docteur Crolas (de Lyon), qui avec le concours de M. Audoynaud, a repris courageusement les expériences de leurs prédécesseurs dans la lutte et avoir fait faire un nouveau et sérieux pas vers la solution du problème.

Nous devons une mention toute particulière aux administrateurs de la Compagnie du chemin de fer P. L. M., qui, préoccupés de la diminution considérable du chiffre des transports (conséquence forcée de la destruction des vignes), et frappés des résultats obtenus par M. Aliès, près de Marseille, résolurent de faire étudier sérieusement la question de l'application du sulfure de carbone.

Une commission de savants et d'ingénieurs fut instituée par leurs soins. Cette commission entreprit une série d'expériences méthodiques, dont les résultats donnèrent comme conséquence une formule de traitement qui, si elle n'était pas parfaite, était un grand nouveau pas vers le but. La Compagnie fit encore de nouveaux et nombreux sacrifices, servant par là l'intérêt général sans perdre de vue le sien qui, comme celui de tous les riches et puissants possesseurs du sol, réside en entier dans la prospérité des petits et grands agriculteurs et viticulteurs.

Bien d'autres ont coopéré à la diffusion de la lumière, entre autres MM. G. Gastine et Couanon, qui ont formulé de là manière suivante les principes sur lesquels doivent reposer les traitements insecticides :

« *Imprégner toutes les parties du sol* dans lesquelles se déve-
« loppent les racines, d'une substance *toxique* capable *d'atteindre*
« *uniformément* les insectes et d'en *débarrasser le végétal sans*
« *l'altérer.* »

Quand on peut se faire la moindre idée des efforts et des soucis qu'ont occasionnés ces recherches aux hommes que j'ai cités (et à des centaines d'autres inconnus et que nous devons leur adjoindre par la pensée), on ne peut s'empêcher d'éprouver pour eux tous une vive reconnaissance pour les grandes lignes qu'ils ont tracées, laissant à de plus humbles la tâche de pourvoir aux détails et de les régler.

Hélas ! hélas ! cent fois hélas ! ce sont justement les humbles, les petits, les propriétaires les plus intéressés qui ont failli dans la lutte.

Tout ce qui ne va pas seul, suivant les vieux us et coutumes, nous ennuie, nous agace, nous porte sur les nerfs ; si nous nous voyons forcés de faire quelque chose sortant de nos habitudes, nous ne le faisons qu'à contre-cœur, sans foi, et par conséquent sans énergie, nous le faisons en sorte d'acquit de conscience jeté en public à titre d'excuse.

Cette tendance naturelle de notre nature, jointe à l'insuffisance de moyens bien arrêtés, et à l'insuffisance des moyens de propagation, ont été la cause de tant d'insuccès, et de la naissance dans l'esprit de la généralité des gens de notre contrée, *qu'il n'y a rien à faire contre le Phylloxéra*, que de constater bénévolement qu'il dévore nos vignes, qu'il emporte le fruit de nos sueurs de plusieurs années, qu'il emporte notre espoir et nous réduit sinon à la misère, du moins à un état de gêne qui commençait à être loin de nous et que nous pensions que nos devanciers, dans ce XIXe siècle, avaient bien enterré par leur travail opiniâtre et soutenu et par leur économie incomparable, économie que la génération actuelle ne peut plus pratiquer.

Non, nous ne saurions plus vivre comme nos devanciers des premiers 30 ans de ce siècle, par conséquent il faut nous retourner ! Nos pères n'avaient que leur force physique et leur courage. La plupart d'entre eux ne savaient pas lire ; ils n'avaient à leur disposition qu'un mauvais outillage, point de capitaux, et fort peu d'entre eux possédaient le sol.

Aujourd'hui nous savons tous lire, et on reçoit dans les écoles primaires, la somme d'instruction suffisante, pour permettre à l'homme soucieux de ses devoirs, de s'instruire et d'apprendre ce qui lui est nécessaire pour bien faire son métier d'agriculteur ou de viticulteur, en s'inspirant des études faites par les différentes écoles d'agriculture et de viticulture.

Nous avons à notre disposition un outillage perfectionné et approprié aux différents besoins qui se présentent ; les capitaux indispensables sont généralement à la disposition des hommes travailleurs et ordonnés, prudents et pratiques.

Il n'y a donc qu'à vouloir résolument, pour faire rendre à la terre la rémunération nécessaire, je ne dis pas à une existence large, facile et sans peines, mais une rémunération indispensable à la vie, et digne de l'être humain, intelligent et travailleur.

Je disais tout à l'heure que les savants et les chercheurs avaient tracé les grandes lignes, laissant aux plus humbles, aux plus directement intéressés, le soin des détails, et que ces derniers n'ont pas bien compris ; ils n'ont pas été à hauteur de leur tâche ; ils ont manqué de foi, de patience et de persévérance. Ce fait capital ramène forcément notre attention sur Atry, qui lui, a eu les qualités nécessaires. On lui a dit qu'on pouvait réussir, il a eu la foi ; les difficultés, les déceptions même ne l'ont pas découragé, il a persévéré dans la lutte et il a réussi.

Nous avons rendu hommage aux *savants et aux chercheurs*, sachons aussi rendre hommage à Atry, l'homme pratique, observateur, intelligent, l'homme comme il en faut trouver pour compléter et mettre en relief les trouvailles faites par les sciences agricole, viticole, industrielle et autres.

Atry est un exemple ; on le suit déjà et j'espère bien qu'on le suivra en grand, non seulement pour le traitement contre le Phylloxéra, mais on s'inspirera de son exemple de foi, de patience et de persévérance, dans l'application de tout ce qui est préconisé par la science agricole, et que nous répugnons d'essayer, *que nous nous entêtons même à contester*.

Le XIXe siècle a été bien fécond en inventions de toutes sortes ; on peut dire que de véritables merveilles de progrès ont été accomplies. J'ai la conviction qu'il ne sera pas clos sans qu'on puisse constater que les viticulteurs et les agriculteurs français en général, et dans notre beau pays du Centre en particulier, sont bien résolus à sortir des vieux sentiers, seul moyen de trouver la rémunération qu'on chercherait vainement ailleurs.

Aussi, est il consolant de voir dans notre contrée, à côté des apathiques et des entêtés, toute une pléïade d'hommes jeunes, pleins de foi et d'ardeur, ne reculant devant aucun sacrifice pour arriver à reconstituer notre vignoble que nous avons été impuissants à préserver de l'invasion.

Honneur à eux ; ils en recevront dans l'avenir la récompense pécuniaire d'abord, et honorifique ensuite.

Un Mot sur le Pal

Cet instrument est déjà connu d'une grande quantité de vignerons, mais pour ceux qui ne le connaissent pas, je vais en faire une description sommaire.

Il se compose d'une tige creuse, carrée ou ronde, mais pointue de manière à pouvoir pénétrer facilement dans le sol ; elle est surmontée d'un récipient en cuivre, contenant le liquide à répandre.

Une tige, servant de piston, traverse ce récipient et en appuyant sur cette tige lorsque la première, pointue, est entrée dans le sol à la profondeur nécessaire, on enfouit dans la terre, à l'aide de cette pression, à chaque piqûre, la quantité de sulfure qu'on s'est proposé d'y introduire en réglant son Pal avant de commencer l'opération.

La tige du piston donne, dans sa course entière, 10 grammes de sulfure de carbone ; mais, à l'aide de rondelles (qui sont fournies avec le Pal), on peut diminuer la course et par conséquent le rendement exactement à la quantité qu'on désire introduire dans chaque piqûre.

Chaque rondelle correspond exactement à 1 gramme.

Dans le dosage ordinaire (20 grammes au mètre carré en 4 piqûres), il faut régler son Pal à 5 grammes en introduisant 5 rondelles sur la tige du piston pour diminuer sa course, et suivant les besoins on peut augmenter le dosage *en ôtant* des rondelles (une pour 1 gramme).

On peut le diminuer au contraire en ajoutant une, deux ou trois rondelles si on le croit nécessaire, pour augmenter le nombre des piqûres dans les terrains tout à fait compactes (argileux).

Dépôt du PAL, chez E. PÉTRÉ, Blois

Une instruction spéciale est fournie avec l'instrument ainsi qu'une boîte contenant des pièces de rechange, une clé et un poinçon pour le démontage et le remontage.

Chaque propriétaire d'un Pal ou l'ouvrier qui doit s'en servir, doit lire bien attentivement l'instruction, apprendre à démonter et remonter l'instrument qui est bien simple, mais qu'il faut cependant étudier, en le démontant et en le remontant plusieurs fois, et en se rendant bien compte du rôle de chacun des organes, afin de n'être pas embarrassé lorsque l'instrument refuse, ou fait mal le service, car nous voyons des gens apporter en réparation des instruments en bon état de service, mais dont un simple petit rien contrarie le fonctionnement. Le moindre examen leur eût suffi pour reconnaître le mal, y porter remède eux-mêmes et éviter par là une perte de temps sérieuse.

Apprenez donc à connaître le Pal et, lorsque vous le connaîtrez bien, le traitement sera pour vous une bagatelle.

Manière de placer les Piqûres

Nous allons donner maintenant quelques tableaux pour faire comprendre facilement la manière d'opérer.

Ces tableaux sont établis au 20e et représentent le traitement complètement fait, avec indication du rayonnement ou de la diffusion des vapeurs du sulfure de carbone.

Tableau N° 1 représentant une vigne plantée à 1 mètre de distance entre chaque rang et les ceps placés à 1 m. les uns des autres.

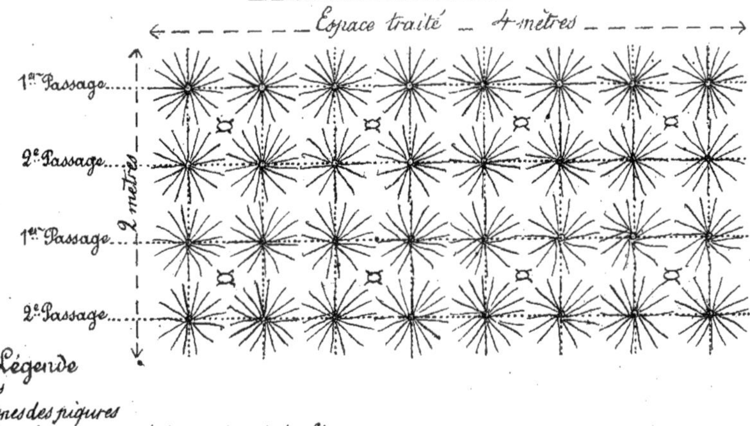

Légende

- Ceps
- ……Lignes des piqures
- Piqures faites au point de croisement des lignes
- Rayonnement ou diffusion des vapeurs du sulfure de carbone

Jusqu'ici, il était recommandé de traiter ainsi, d'un premier *et seul passage*, c'est-à-dire, répandre d'une seule et même opération 20 grammes de sulfure de carbone au mètre carré en autant de piqûres qu'on croyait devoir en faire suivant la nature du sol (perméable ou argileux).

Atry, agissant par tâtonnement, essaya de la division du traitement en deux passages, c'est-à-dire faire aujourd'hui deux piqûres de 5 grammes par mètre carré, et, 15 jours plus tard, deux nouvelles piqûres à la même dose.

Ce moyen lui a parfaitement réussi ; il en a retiré les différents avantages que j'ai essayé de faire ressortir, et, nous ne saurions trop recommander sa méthode, dont les résultats sont incontestablement bons.

Aussi, bien que donnant dans les tableaux l'exposition du traitement complet, nous avons eu soin d'indiquer au bout du tableau, sur la ligne des piqûres, la mention suivante :

1er Passage.

2e Passage.

3e Passage.

Et pour plus de clarté, je répète encore une fois, tant la chose est importante, puisque c'est là que réside toute l'inovation et l'avantage de la méthode d'Atry, sur celles suivies ailleurs jusqu'à ce jour, je répète, dis-je, que :

S'il commence son traitement le 1er d'un mois quelconque, il prend *seulement un des côtés des rangs* (toujours le même, pour qu'il n'y ait pas confusion dans l'avenir), et il donne à ce commencement de traitement le nom de *1er passage*.

Quinze jours plus tard, c'est-à-dire le 16, il recommence le traitement, mais sur les côtés opposés, et il donne à cette opération le titre de *2e passage*. Si les rangs ont un intervalle dépassant un mètre, il fait encore, quinze jours plus tard, le 31 (1), au milieu des rangs, une nouvelle série de piqûres, et il l'appelle *3e passage*.

Comme on le voit dans le tableau n° 1, représentant des rangs de 1 mètre de largeur, et les ceps distants de 1 mètre les uns des autres, les ceps sont toujours pris entre quatre piqûres, ayant entre elles un espace de cinquante centimètres en tous

(1) Dans cet exposé, et pour faciliter la compréhension, je dis 1er, 16 et 31, mais la précision n'est pas de rigueur à deux ou trois jours près.

sens ; le rayonnement ou la diffusion des vapeurs qu'on suppose devoir s'écarter de 25 à 40 centimètres tout autour de la piqûre, arrive d'un côté à envelopper complètement le cep en tous sens, et de l'autre côté il sillonne toute la partie comprise entre les deux rangs de piqûres.

Ces piqûres ainsi espacées, et le Pal ayant été réglé pour une injection de 5 grammes, tout le terrain parcouru par les vapeurs est bien saturé à raison de 20 grammes par mètre carré de surface traitée.

Preuves : Le *Tableau nº 1* correspond à 4 mètres de longueur sur 2 mètres de largeur $4 \times 2 = 8$ mètres carrés. 8 mètres carrés à 20 grammes par mètre = 160 grammes, et nous trouvons sur le même tableau 32 piqûres à 5 grammes = 160 grammes.

Tableau N° 2 représentant une vigne de 1m. 50 entre les lignes des ceps, et 1 metre entre chacun d'eux dans le sens de la longueur

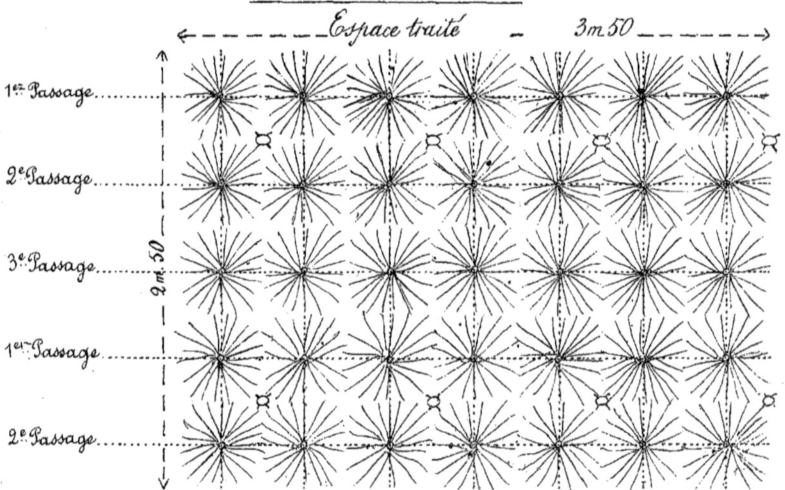

Pour le tableau n° 2, représentant des rangs de 1m50 de largeur et les ceps distants de 1 mètre les uns des autres, la disposition des piqûres est exactement la même que dans le tableau n° 1 pour ce qui concerne les ceps ; mais, après le premier et le deuxième passage, c'est-à-dire après les rangs de piqûres faites au pied des ceps, il reste entre les deux premiers rangs de piqûres un espace (une bande de terre), de 50 centimètres qui n'est pas saturé par les vapeurs et, dans la crainte que l'ennemi puisse trouver là un asile contre la mort par asphyxie, on fait, à la même dose, et toujours à la distance de 50 centimètres (15 jours après le deuxième passage), une troisième série de piqûres (qu'on nomme troisième passage), et on voit que tout le terrain est bien sillonné par les vapeurs. La quantité de sulfure est également bien de 20 grammes par mètre carré de surface traitée :

Preuve : Le tableau n° 2 représente une surface de 3m50 de longueur sur 2m50 de largeur 3m50 × 2m50 = 8m75 à 20 g. = 175 grammes. Nous trouvons 35 piqûres à 5 grammes = 175 grammes.

Quelle que soit la largeur des rangs, il importe de toujours placer les deux premiers rangs de piqûres à environ 25 centimètres du cep en tous sens.

Plus près, on risque d'atteindre les grosses racines avec la pointe du pal, et, comme c'est autour du pied de la vigne que se tient le plus grand nombre de pucerons destructeurs, il importe de ne pas éloigner de lui, outre mesure, le foyer d'infection, afin que les vapeurs dégagées par le sulfure de carbone l'atteignent et l'anéantissent, *sans grâce ni merci.*

Lorsqu'il s'agit de largueur irrégulière, 1m30 par exemple, les deux premiers rangs de piqûres étant faits à 25 centimètres des ceps (toujours en supposant l'écartement des vapeurs à 25 centimètres autour de la piqûre) il ne restera après l'expansion des vapeurs qu'une bande de 30 centimètres qui ne sera pas saturée.

Pour procéder bien régulièrement, il faudrait *au troisième passage* faire sur cette bande les piqûres de 50 en 50 centimètres de distance à raison de 3 grammes seulement ; mais dans les terrains ordinaires, d'une perméabilité moyenne, on se contente de faire les piqûres à 1 mètre les unes des autres, à la dose de 6 grammes, et on a ainsi dans les deux cas (piqûres à 1 mètre par 6 grammes ou piqûres à 50 centimètres par 3 grammes), enfoui 20 grammes au mètre carré.

Dans les vieilles vignes, plantées à 66 centimètres, on ne peut faire qu'une seule ligne de piqûres entre les rangs, et les piqûres distancées de 35 à 40 centimètres l'une de l'autre dans le sens de la longueur, avec un pal réglé à 5 grammes.

J'espère, par ces explications et les tableaux, avoir rendu bien compréhensible la méthode d'Atry, et qu'elle sera facile à suivre par tous, sans autres renseignements.

E. PÉTRÉ.

Une dernière Observation :

Il convient de ne pas commencer à traiter aussitôt après une façon de terre ; il faut que la terre ait eu le temps de se masser ou tasser un peu afin que les vapeurs du sulfure ne puissent sortir avant d'avoir produit tout leur effet.

SONGEONS A L'AVENIR

Atry trouve si simple et si facile la lutte contre le Phylloxéra, qu'il fait ses nouvelles plantations en plants français.

Pour mon compte, je ne le suivrais pas dans cette voie, parce que quand même on aurait la certitude de maintenir les vignes françaises en bon état de défense contre le Phylloxéra et de les conduire ainsi jusqu'à leur âge normal, il faut toujours compter avec une façon de plus, ce qui est une dépense de main-d'œuvre, et, en admettant qu'on arrive à ne traiter qu'une année sur trois, il y aura toujours à supporter une dépense minimum de 26 à 30 francs à l'hectare.

Aujourd'hui qu'on a la certitude que certains plants américains résistent au Phylloxéra, je crois qu'il est plus prudent de se tourner de ce côté pour renouveler ses vignes par petites parties, comme on le faisait autrefois avec le plant français avant qu'on eut le malheur de connaître maître Phylloxéra.

Pour planter les cépages américains, on recommande le défoncement du sol à une profondeur qui varie de 35 à 50 centimètres.

C'est là une grande préoccupation pour tout le monde et notamment pour les petits vignerons qui n'ont en leur possession ni la charrue, ni souvent un attelage assez puissant pour faire ce travail.

Charrues Défonceuses et Charrues pour forts Labours

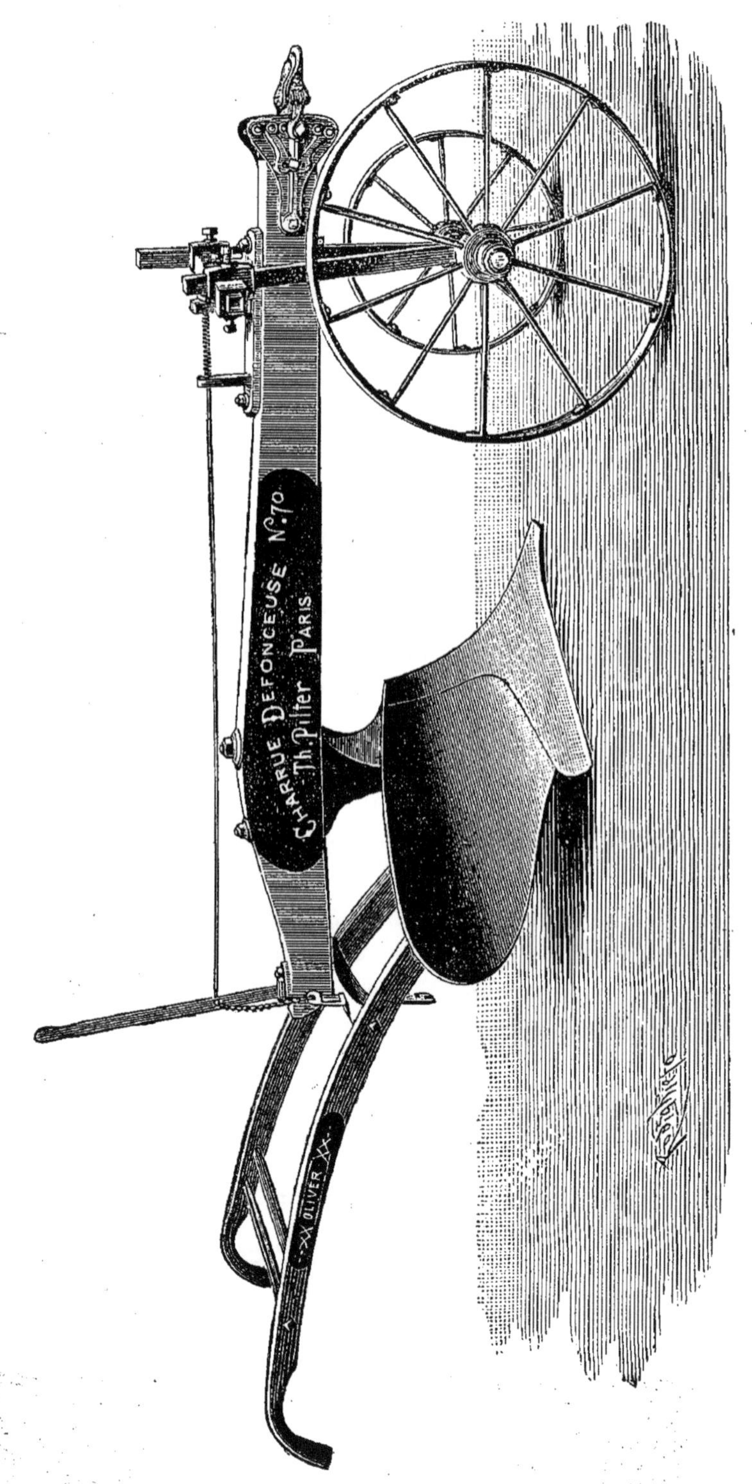

CHARRUE N° 70

La Charrue n° 60 est généralement employée de préférence pour les labours d'été dans les terres compactes, collantes et caillouteuses du midi de la France et de l'Algérie. Sa forme particulière lui permet de se maintenir en terre là où d'autres modèles de charrues ne peuvent le faire.

La Charrue n° 70 est employée pour les défoncements à de grandes profondeurs que l'on désire faire avec traction animale.

Avec cette Charrue on obtient des labours ayant 35, 40 et 50 c. de profondeur, suivant les terrains, sur 50 c. de largeur.

Dans le nord de la France, cette Charrue a fait, dans un terrain argileux très difficile, des labours de 40 c. de profondeur sur 50 c. de largeur, avec 5 paires de bœuf. Et dans le même pays, dans un terrain léger mais dur, avec quatre paires de bœufs, cette même Charrue a fait un labour parfait de 50 c. de profondeur sur 50 c. de largeur.

Un des grands avantages de ce système de Charrue, c'est que la terre est complètement retournée, c'est-à-dire que la couche inférieure se trouve ramenée au-dessus et est complètement pulvérisée.

Avec l'avant-train spécial à bascule, la Charrue se tient parfaitement en terre sans que le laboureur ait besoin d'employer de la force, et la sortie du sol au bout de la raie se fait avec facilité.

PRIX :

N° **60.** CHARRUE DÉFONCEUSE avec coutre, pour labours jusqu'à 33 c. de profondeur sur 40 c. de largeur..	**120** fr.
Soc de rechange..	**8**
Avant-train à bascule, avec deux roues......	**48**
N° **70.** CHARRUE DÉFONCEUSE pour labours de 35, 40, et 50 c. de profondeur...................	**270**
Soc de rechange..	**16**
Avant-train à bascule avec deux roues.......	**80**

PÉTRÉ, Fabricant de Pompes à Blois, Représentant

GRAND CHOIX

DE

CHARRUES A VIGNE

MODÈLE B V — 8 V ET 13 V

PRIX :

B v.	Charrue à vignes pour labours jusqu'à 13 c. de profondeur sur 25 c. de largeur............	**48**	fr.
	Soc ordinaire supplémentaire................	**3**	
	Roue et son support droit......	**6**	
8 v.	Charrue à vignes pour labours jusqu'à 13 c. de profondeur sur 25 c. de largeur...........	**48**	
	Pointe de rechange.......................	**2**	**50**
	Soc secondaire de rechange................	**3**	
	Roue et son support droit..................	**6**	
13 v.	Charrue à vignes pour labours jusqu'à 15 c. de profondeur sur 28 c. de largeur...........	**56**	
	Soc de rechange..........................	**4**	
	Roue avec support malléable....	**10**	

CHARRUE OLIVER A 2

A deux Mancherons, pour Palonnier, versoir à droite

La Charrue à Vignes A 2 est le modèle le plus généralement employé dans les vignobles du Midi de la France. Elle est fabriquée soit avec versoir à droite, soit avec versoir à gauche, avec un ou avec deux mancherons, et l'âge peut être disposé soit pour attelage avec palonnier, soit pour attelage avec brancards ou flèche, suivant les habitudes de chaque pays.

Dès son apparition dans les régions viticoles du Midi, cette charrue a été tellement appréciée et la vente a pris une telle extension que jusqu'à présent il n'a pas été possible de satisfaire à toutes les demandes.

Un des secrets du fonctionnement supérieur de ces charrues et de leur grande légèreté de traction consiste dans le poli admirable des versoirs et des socs. Ce poli ne peut être obtenu qu'au moyen de procédés particuliers et d'un outillage très coûteux que possède seule la fabrique où sont construites ces charrues. — Toutes les pièces composant une charrue Oliver sont faites sur gabarits et parfaitement calibrées. C'est un point très important.

Dans une charrue ordinaire, lorsque le soc est usé, on a l'habitude de le porter chez le forgeron qui refait la pointe. Or il suffit seulement de quelques millimètres de différence dans l'inclinaison de la pointe pour que la charrue ne fonctionne plus bien. Lorsque le soc d'une charrue Oliver est usé on le remplace tout simplement par un neuf et cela ne coûte guère plus cher que le travail de forge pour le soc d'une charrue ordinaire, sans compter que la charrue est de ce fait remise à neuf.

PRIX :

A 2. Charrue ordinaire pour labours jusqu'à 12 c. de profondeur sur 20 c. de largeur.

A deux mancherons, pour palonnier, versoir à droite	**31** fr.
A deux mancherons, pour brancards, versoir à droite	**31**
A un mancheron, pour brancards, versoir à droite....	**31**
A un mancheron, pour brancards, versoir à gauche..	**31**
Soc ordinaire de rechange..........................	**2 50**

Sur demande, la Maison PÉTRÉ adresse des Prospectus représentant tous ces Modèles de Charrues.

CHARRUES OLIVER

Th. PILTER

Pour toutes Cultures

Parmi tous les instruments agricoles nouvellement perfectionnés, la charrue est peut-être celui qui est le plus difficile à introduire dans les centres agricoles, car chaque campagne a ses préjugés et ses modèles de charrues employées depuis un temps immémorial. Et les laboureurs, sont peu disposés à se servir de nouvelles charrues qu'ils ne connaissent pas. Malgré cela, depuis trois ans que la maison Th. Pilter offre à la culture la charrue Oliver, la vente de ces instruments a été phénoménale, et dans tous les endroits où des essais comparatifs ont lieu, la charrue Oliver est en train de supplanter tous les autres modèles de charrues. Une des meilleures preuves qui établissent les qualités de la charrue Oliver, c'est que dans beaucoup de régions c'est précisément les fabricants locaux de charrues qui entreprennent la vente de ce système et renoncent à fabriquer eux-mêmes. — La charrue Oliver réunit les qualités suivantes : bon marché, travail supérieur, longue durée et légèreté de traction. — Voici quelques-unes des particularités qui distinguent ces charrues :

1° L'âge est entièrement indépendant du corps de charrue et peut pivoter sur le corps de charrue à l'angle nécessité par le travail.

2° Le soc protège le versoir. Ce soc est d'une forme triangulaire et présente une surface tranchante dans la ligne verticale aussi bien que dans la ligne horizontale. Ce soc étant triangulaire, supprime la nécessité du coutre.

3° Le versoir est d'un métal entièrement inconnu jusqu'à ce jour et d'une dureté extrême. Il présente une surfasse lisse supérieure à ce qu'on peut obtenir avec l'acier fondu. Le grain de ce métal, au lieu d'être longitudinal, est transversal et l'usure se produit sur l'extrémité des fibres métalliques.

4° Les pièces de rechange sont calibrées et s'ajustent parfaitement au corps de charrue sans qu'il soit nécessaire de les retoucher en quoi que ce soit.

5° La charrue peut se tenir en terre sans le moindre effort de la part du conducteur.

6° Le grain particulier du métal, le fini du versoir, dont les lignes sont fines et étudiées, ainsi qu'une disposition particulière du talon de la charrue, réduit considérablement le frottement de la terre et permet, par suite, de faire une économie de traction qui peut être évaluée au tiers.

7° En modifiant la position de l'âge, on peut régler instantanément la largeur de la bande de terre soulevée.

En résumé : Ces Charrues conviennent à tous les pays,
Ont la plus grande vente du monde,
Sont plus légères de traction que tout autre,
Font beaucoup plus de travail que les charrues ordinaires,
Peuvent être conduites par des laboureurs inexpérimentés,
Durent plus longtemps que tout autre,
Sont les meilleur marché.

N° **10.** CHARRUE ordinaire pour un cheval, pour labours jusqu'à 14 c. de profondeur sur 28 c. de largeur .... **53** fr.
Soc de rechange **4**
ROUE avec support droit **6**

19. CHARRUE ordinaire pour deux petits chevaux, pour labours jusqu'à 18 c. de profondeur sur 30 c. de largeur **58**
Soc de rechange **4 50**
ROUE avec son support malléable **10**
RASETTE complète **15**

40. CHARRUE ordinaire pour deux à trois chevaux, pour labours jusqu'à 27 c. de profondeur sur 40 c. de largeur **67**
Soc de rechange **5 50**
ROUE avec support malléable **10**
RASETTE complète **15**
AVANT-TRAIN fixe, à deux roues, pour charrues n°s 19 et 40 .... **30**
AVANT-TRAIN à bascule, à deux roues, pour charrues n°s 19 et 40 .... **45**

HOUES A CHEVAL PERFECTIONNÉES

Ce nouvel instrument, de création récente, est bien plus léger que les anciens modèles et il est cependant plus résistant.

Il fait pour les façons d'été, dans la vigne, dans les betteraves, carottes fourragères, pommes de terre et toutes plantes en ligne, un travail merveilleux. Il possède des jeux de dents de plusieurs largeurs, de petits socs triangulaires qui se changent rapidement, à volonté, suivant les besoins. Deux petites oreilles s'adaptent aux porte-lames des côtés et à l'arrière de l'instrument, pour chausser et déchausser la vigne et les autres plantes, dont on peut approcher si près, que lorsque l'instrument est passé, l'herbe qui se trouve sur la ligne des ceps de la vigne, ou sur la ligne des plantes se trouve absolument enterrée si on a disposé les oreilles pour chausser.

PLANTS AMÉRICAINS

On recommande aux Vignerons de faire des pépinières, de manière à être bien sûrs des plants dont ils veulent se servir.

Cette pépinière, entr'autres soins, demande des arrosages légers.

POMPES ASPIRANTES ET FOULANTES

A DOUBLE EFFET

Servant à l'Arrosage et au Transvasement des Vins

POMPE A BALANCIER HORIZONTAL

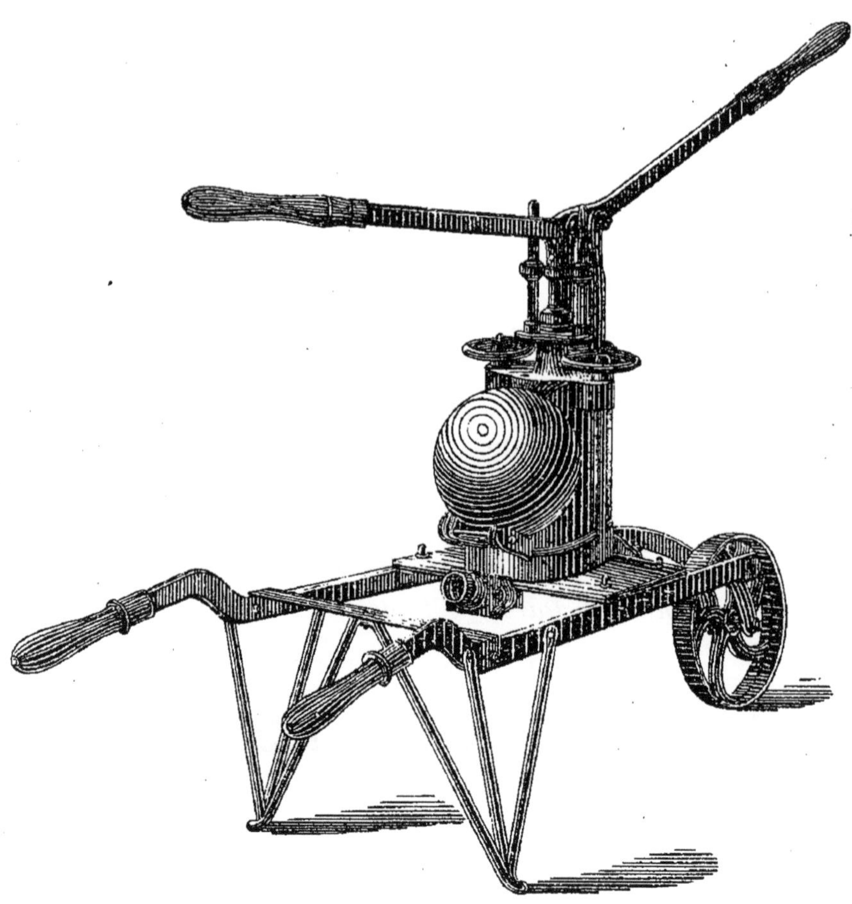

Cette pompe se fabrique de deux forces, l'une portant le n° 2, l'autre le n° 3.

Son piston, entièrement métallique, ne se déformant pas sous l'influence de la température et guidé dans sa marche par deux tiges parallèles empêchant toute déviation, fait de cet instrument la *meilleure* pompe d'arrosage. Elle n'a pas non plus d'égale pour le transvasement des liquides, tant au point de vue de la facilité du fonctionnement qu'à celui du travail obtenu.

Par une heureuse disposition on peut la démonter instantanément en desserrant simplement les deux petits volants placés sur le côté de la pompe. Cette facilité de démontage et de visite des clapets rend impossible toutes causes d'arrêts dans le travail.

N° 2 A BALANCIER

Projection horizontale : 15 mètres. — Débit à l'heure : 3,500 litres.
Diamètre des tuyaux : 30 m/m.
Prix de la pompe seule........................ **120** francs.

N° 3 A BALANCIER

Projection horizontale : 20 mètres. — Débit à l'heure : 6,000 litres.
Diamètre des tuyaux : 37 m/m.
Prix de la pompe seule........................ **145** francs.

ACCESSOIRES

	le mètre
Tuyaux aspiration caoutchouc, pour n° 2...............	11f »»
— — — pour n° 3...............	13 »»
Tuyaux refoulement caoutchouc, pour n° 2...............	6 »»
— — — pour n° 3...............	7 50
Tuyaux refoulement toile, pour n° 2...............	1 75
— — — pour n° 3...............	2 »»
Plongeur cuivre...............	12 »»
Tube d'entonnement à robinet...............	13 50
Lance avec jet et palme...............	12 »»
Crépine d'aspiration...............	4 50

Les deux numéros de la pompe dont la description vient d'être faite, se disposent avec volant, comme l'indique la figure ci-dessous.

Il n'y a rien de changé si ce n'est le remplacement du balancier par un volant.

Cette disposition est recommandable pour le transvasement chez les marchands de vins.

Elle se fait avec volant simple et avec volant et engrenages.

N° 2 A VOLANT SANS ENGRENAGES

Prix de la pompe seule.................. **170** francs.

N° 3 A VOLANT AVEC ENGRENAGES

Prix de la pompe seule.................. **195** francs.

POMPES A BALANCIER VERTICAL

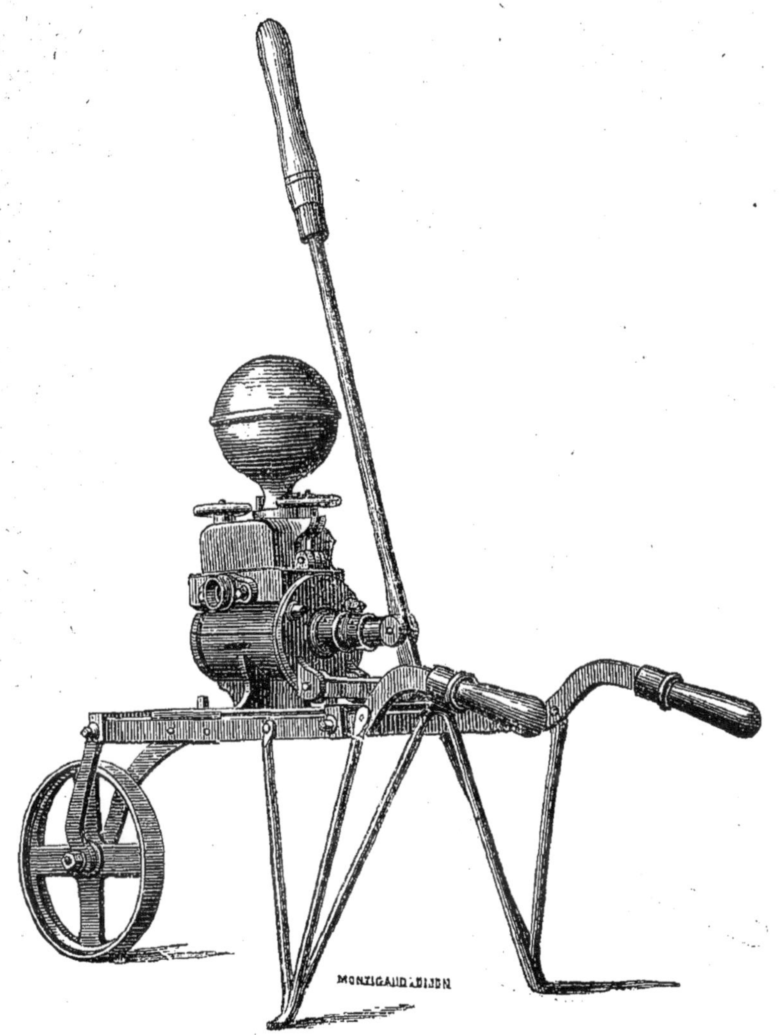

Ce système de pompe à balancier vertical, monté sur brouette, se fabrique de deux grandeurs différentes, n° 0 et n° 1.

Ces deux numéros se démontent aussi instantanément au moyen de deux petits volants placés sur le côté de la pompe qui, une fois desserrés, permettent d'enlever le récipient d'air, de visiter les clapets et de s'assurer que rien n'entrave leur fonctionnement.

Cette heureuse disposition rend le nettoyage simple et facile sans le concours d'instruments ni d'ouvrier.

Le piston de ces pompes étant aussi entièrement métallique, ne subit point l'influence de la température et fonctionne toujours bien.

Pour cette raison on n'est jamais arrêté dans son travail.

Tous les numéros de cette pompe peuvent se monter sur le chariot porteur d'un tonneau, comme le montre la figure qui va suivre.

N° 0

Projection horizontale : 10 mètres. — Débit à l'heure : 1,500 litres.
Diamètre des tuyaux : 25 m/m.
Prix de la pompe seule.................... **70** francs.

N° 1

Projection horizontale : 12 mètres. — Débit à l'heure : 2,500 litres.
Diamètre des tuyaux : 30 m/m.
Prix de la pompe seule.................... **100** francs.

POMPE MONTÉE SUR CHARIOT AVEC TONNEAU

Prix du tonneau monté sur son chariot avec une pompe n° 0 garnie d'un tuyau d'aspiration de 2 mètres, un tuyau de refoulement de 1 mètre, une lance complète et les raccords nécessaires pour les tuyaux.......................... **165** francs.

ACCESSOIRES

	le mètre
Tuyaux caoutchouc aspiration, pour n° 0................	6f »»
— — — pour n° 1................	11 »»
Tuyaux refoulement caoutchouc, pour n° 0.............	4 »»
— — — pour n° 1.............	6 »»
Tuyaux refoulement toile, pour n° 0..................	1 50
— — — pour n° 1..................	1 75
Crépine aspiration..................................	5 »»
Lance avec jet et palme, 8f 50, et.....................	11 »»

SPECIALITÉ DE POMPES

Pour Puits de toutes Profondeurs

DIPLOME D'HONNEUR

80 MÉDAILLES, OR, ARGENT ET BRONZE

POMPES ÉLÉVATOIRES

A CHAPELET

Simplicité, Solidité, Rendement Considérable

Ces Pompes dont les tubes sont en cuivre jaune, sans soudure, avec chaînes en fer fin galvanisé et à mailles calibrées, portant des obturateurs en caoutchouc, offrent un avantage considérable sur tous les systèmes de pompes connus jusqu'ici, par le peu de force qu'elles exigent pour leur mise en marche et par la quantité de liquide qu'elles rendent.

Elles peuvent être utilisées pour le purin et autres liquides chargés d'impuretés.

Elles ont aussi le trés grand avantage de ne rien redouter de la gelée, parce que l'eau redescend aussitôt que la machine est au repos.

N° 1

PRIX DE L'APPAREIL SEUL	. . . .	**110** francs
Tuyaux et Chaînes, 40 m/m	. . . .	**10** francs le mètre
— 50	. . . .	**12** —
— 60	. . . .	**14** —

N° 1

Ce modèle renforcé, avec grand volant, convient dans les fermes, chez les maraîchers et pour les industries nécessitant

---

Pour Commande de toutes Pompes

Indiquer la profondeur du puits prise du fond au niveau du sol, donner aussi la hauteur d'eau dans le puits.

beaucoup d'eau. On peut l'utiliser dans les puits de 10 à 25 mètres de profondeur.

On y adapte des tuyaux de 40, 50 ou 60 millimètres de diamètre, suivant la profondeur des puits et la quantité d'eau qu'on désire obtenir.

On peut y mettre deux manivelles ou une poulie pour fonctionner au moteur.

N° 2

PRIX DE L'APPAREIL SEUL		**80**	francs
Tuyaux et Chaînes,	40 m/m	**10**	francs le mètre
—	50	**12**	—
—	60	**14**	—

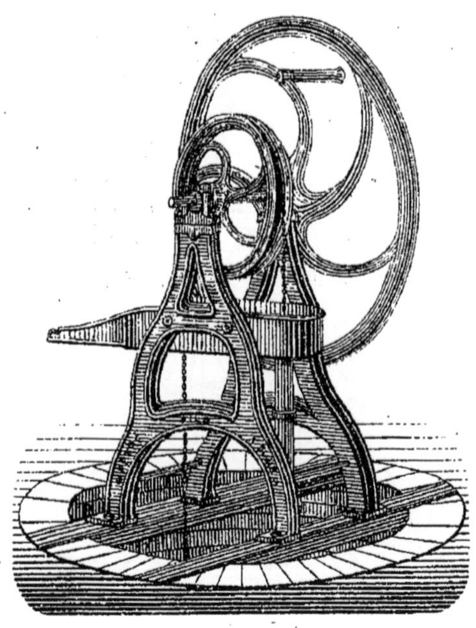

N° 2

Ce numéro, plus léger que le n° 1, convient très bien pour le service des maisons particulières et pour jardin : il se fait à une seule manivelle. On y peut adapter des tuyaux de 40, 50 et 60 millimètres.

C'est un modèle très recommandable qui répond à la généralité des besoins, mais ne peut cependant convenir que pour puits de 1 à 12 mètres de profondeur.

N° 3

PRIX DE L'APPAREIL SEUL	**55** francs
Tuyaux et Chaînes, 40 m/m.	**10** francs le mètre
— 50	**12** —
— 60	**14** —

N° 3

Ce modèle avec pieds courts est destiné à être placé sur une margelle.

Il existe beaucoup de vieux puits avec margelle, on se contente d'enlever le treuil ou la poulie et on remplace l'un ou l'autre de ces appareils par la pompe que l'on pose simplement sur la murette.

Il reçoit les mêmes tuyaux que les nos 1 et 2.

N° 4

PRIX DE L'APPAREIL SEUL.	**90**	francs
Tuyaux et Chaînes, 40 m/m.	**10**	francs le mètre
— 50	**12**	—
— 60	**14**	—

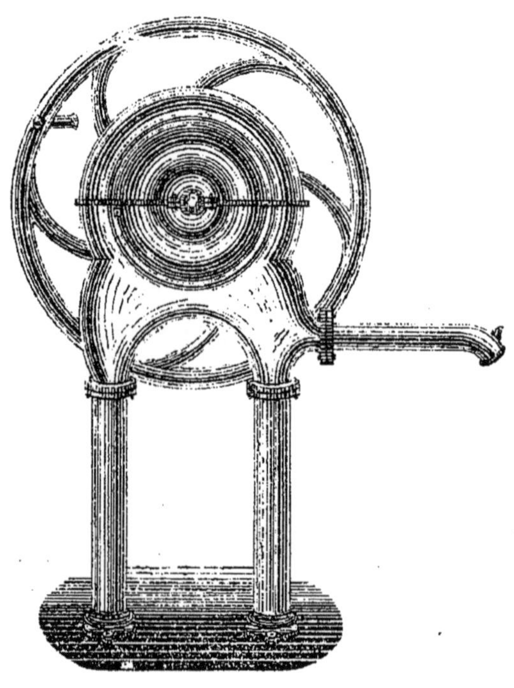

N° 4

On peut obtenir avec cet appareil les mêmes services qu'avec les 3 numéros précédents et y adapter les mêmes tuyaux.

Il a sur les autres modèles l'avantage d'être fermé et par conséquent à l'abri de la malveillance ou de l'espièglerie des enfants qui ne peuvent rien introduire dans les tuyaux.

Il est très recommandable pour places publiques et maisons d'école.

Nous avons en Magasin des Modèles d'un prix moins élevé, mais leur emploi n'est pas recommandable.

TRAITEMENT CONTRE LE MILDIOU

L'INCOMPARABLE

PULVÉRISATEUR, Système **PÉTRÉ**, de BLOIS (Loir-et-Cher)

DIPLOME D'HONNEUR

Accordé pour Simplicité et grande Solidité de l'Appareil

PRIX UNIQUE EN CUIVRE ROUGE. . . . . . . **30** francs

Cet appareil peut défier comme fonctionnement et solidité les meilleurs connus jusqu'ici. Il est construit en cuivre rouge premier choix, et comme *simplicité* il est bien

L'INCOMPARABLE

Tous ses organes sont visibles à la seconde ; *la pompe et la chambre à air* qui sont les organes principaux de l'instrument se trouvent en dehors du récipient et lui servent de pieds, ils sont, par conséquent, faciles à visiter en tous sens, sans rien démonter.

LA LANCE

L'expérience a démontré que cette pièce importante doit être dépourvue de toutes espèces d'accessoires qui, jusqu'ici, n'ont été qu'un embarras et une source d'incommodités sans compensation.

La forme de mon jet et sa disposition sont telles que la lance fonctionne toujours bien sans jamais se boucher.

REFÉRENCES

Mer, 1er Mai 1889

Monsieur PÉTRÉ, au Sanitas, Blois.

Je garde votre appareil *dont je suis très satisfait sous tous les rapports*. Cet appareil est parfaitement construit, d'un nettoyage trés facile et d'un fonctionnement parfait, car je l'ai essayé à plusieurs reprises avec des solutions *presque boueuses*, et il ne s'est pas engorgé. *C'est là un grand point pour les traitements à la Bouillie Bordelaise avec laquelle la plupart des appareils donnent tant d'ennuis et de pertes de temps.*

Je l'ai fait essayer par plusieurs vignerons et ils s'accordent à dire *qu'il ne fatigue pas l'opérateur*.

Je ne puis que vous féliciter de votre initiative, car votre appareil est *parfait* et sa *vente en est assurée*. Je me réserve de le faire connaître autour de moi, bien certain que je suis de n'en avoir que des compliments.

Recevez, etc.

T. B.
Propriétaire à Mer.

Bou-Hammam (Algérie), 12 Avril 1889

Monsieur PÉTRÉ, Constructeur à Blois.

Je vous accuse réception des quatre Pulvérisateurs que vous m'avez adressés. Cet appareil est *simple et solide*, et en pression au sixième coup de piston, il s'y maintient par un léger coup tous les deux pas.

Un représentant d'une Maison de Pulvérisateurs est venu hier m'en proposer; je lui ai montré le vôtre. Contrairement à ses pareils, qui ordinairement décrient les marchandises qui ne viennent pas de chez eux, il a approuvé l'appareil et l'a reconnu bon, et je puis ajouter moins cher aussi de 4 francs.

Veuillez agréer, etc.

SAMPAYO,
Propriétaire à Bou-Hamman.

Cliston, 15 Août 1889.

Monsieur PÉTRÉ, à Blois.

Pour le commencement de la saison, je me suis servi de votre pulvérisateur l'**Incomparable**, et mon personnel en a été très satisfait. Mais le dernier que vous m'avez adressé, et qui est le modèle pour 1890, dépasse encore de beaucoup le premier. Son jet est d'une pulvérisation très fine, et sa manœuvre est vraiment d'une commodité incomparable. Mes employés se disputent à qui l'aura. C'est bien, je vous l'avoue, le meilleur et le plus commode des instruments de ce genre que je connaisse.

Recevez, etc.

ARIO
Viticulteur.

Baugé, 9 Août 1889.

Monsieur PÉTRÉ, Constructeur à Blois.

J'ai reçu le Pulvérisateur que vous m'avez adressé pour le dernier traitement de 1889. Je n'avais que des éloges à vous faire de ceux que vous m'aviez adressés en avril ; mais le modèle que je viens de recevoir, et qui est, dites-vous, le modèle pour 1890, est encore bien supérieur aux premiers reçus. Le fonctionnement en est bien plus doux et le jet bien meilleur.

Je vous envoie ci-inclus l'adresse de trois de mes voisins, qui vous prient de leur adresser de suite chacun un appareil de ce dernier modèle.

Recevez, etc.

ESCART,
Propriétaire.

FAISONS MIEUX

L'année 1894 a démontré d'une façon bien malheureuse que nous devons toujours compter avec le Mildiou ; il importe de se mettre en garde contre lui, car il nous surprend avec une rapidité telle qu'il détruit nos plus chéres espérances avant que nous ayons eu le temps de nous reconnaître.

Le traitement contre le Mildiou est bien agaçant parce qu'il est sale et fatiguant, et pendant qu'on se fatigue, le cheval s'ennuie au bout du champ.

Pour le rendre moins désagréable et plus rapide, j'ai construit des Pulvérisateurs conduits par un cheval ; ces instruments donnent des résultats merveilleux, ils font beaucoup mieux, et 4 fois plus de travail que l'Appareil à dos d'homme.

Les organes en sont beaucoup plus forts et par conséquent plus résistants au travail, ce qui permet à ces nouveaux instruments de fonctionner sans se détraquer; ils ont aussi l'avantage de passer dans les rangs, et de tourner au bout du champ, beaucoup plus facilement qu'une charrue.

OUTILLAGE AGRICOLE

On trouvera aussi Avenue de Paris, 14, à Blois

(EN FACE LES HALLES)

Un grand choix de Buanderies économiques de 20 à 200 litres.
Coupe-Racines à bras et à manége.
Concasseurs de grains à bras et à manége.
Tarares de plusieurs forces et plusieurs modéles.
Hache-Paille à bras et à manége.
Bascules de 100 à 2.000 kilos.
Bascules spéciales pour peser le gros bétail.
Brouettes à sacs.
Grand choix de Herses en fer articulées de toutes forces.
Herses spéciales pour les blés au printemps.
Rouleaux en fonte avec ou sans châssis.
Pompes spéciales pour le purin.
Broyeur de pommes.
Fouloirs à vendange.
Pressoirs. — Vis de pressoir seul.
Mécanisme universel s'adaptant aux anciennes vis.
Faucheuses pour les prairies naturelles et artificielles et Râteau à cheval.
Moissonneuses simples.
Moissonneuses lieuses.
Machines à battre, à bras et à manége.
Ensachoir de grains (instrument trés commode, permettant à un homme seul de mettre ses grains et graines en sac).

PELLE A CHEVAL

Cet instrument, peu répandu encore dans notre contrée, rend de grands services dans les terrassements, pour niveler les terrains, conduire des terres d'un point sur un autre.

TRIEURS DE GRAINS ET GRAINES

La récolte des blés, avoines, orges et autres grains se trouve souvent compromise parce qu'on n'a pas eu soin d'éliminer préalablement, avant les semailles, les mauvaises graines du bon grain ; il en résulte alors une levée de mauvaises herbes qui viennent prendre la place du bon grain et réduire la récolte à des proportions misérables. Car, à part que cette récolte donne un rendement mauvais, les produits se trouvent presque invendables, parce qu'ils sont mélangés d'une foule de graines étrangères et nuisibles.

Un trieur *est donc indispensable* dans toutes les grandes exploitations.

Pour les petites exploitations, il devrait y avoir *à louer dans chaque commune* un ou deux trieurs. Le cultivateur ou industriel quelconque qui ferait l'acquisition d'un trieur et le mettrait à la disposition du public moyennant une location raisonnable, y trouverait parfaitement son compte et rendrait des services.

Trieur de Balle et Crible d'Avoine

Cet instrument rend aussi de grands services pour débarrasser la balle de la poussière, avant de la donner aux bestiaux.

Il a aussi l'avantage de débarrasser l'avoine de la poussière et de la terre qui s'y trouvent mélangées.

Grillages en fil de fer.
Article de chauffage et objets divers.
Article de fonderie.
Soc en fonte, Plaques, Croix, Entourage de tombes.
Tuyaux fonte, cuivre et plomb.

PALS INJECTEURS CONTRE LE PHYLLOXERA

Système Vermorel, de Villefranche

La Maison PÉTRÉ, vend et loue cet instrument

TABLE DES MATIÈRES

Blois, Typ. et Lith. C. MIGAULT et Cie

www.ingramcontent.com/pod-product-compliance
Ingram Content Group UK Ltd.
Pitfield, Milton Keynes, MK11 3LW, UK
UKHW012108240726
13965UKWH00004B/1628

9 782013 063449